AF460914

1881.

Pin noir d'Autriche

et

Conifères

Mémoire présenté à la Société Scientifique de Bruxelles

par

C. de Kirwan

(Extrait des *Annales de la Société scientifique de Bruxelles*, 5e année, 1881.)

DES APTITUDES VÉGÉTATIVES SPÉCIALES

DU

PIN NOIR D'AUTRICHE

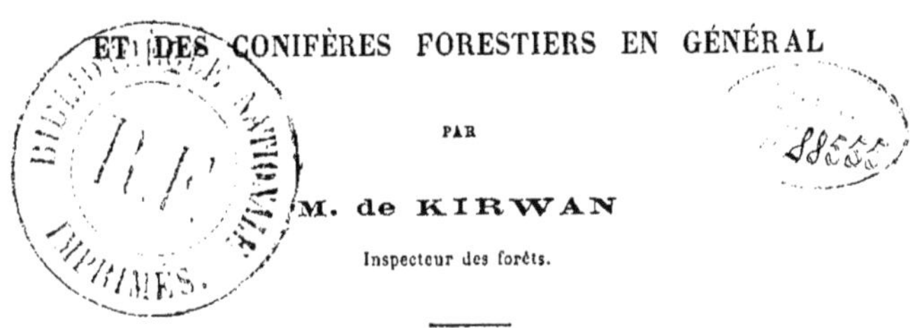

ET DES CONIFÈRES FORESTIERS EN GÉNÉRAL

PAR

M. de KIRWAN

Inspecteur des forêts.

Lorsque le *Pin noir*, habitant des parties montagneuses de la basse Autriche, Dalmatie, Croatie, Carinthie, Styrie, environs de Vienne, eut été, il y a quarante ou cinquante ans, introduit en France, on le considéra avec raison comme une conquête précieuse. Rustique de tempérament, peu exigeant sur les qualités du sol, il paraissait apporter un concours important à la mise en valeur des sols rebelles, au boisement de montagnes dénudées.

On savait qu'il croît avec grand luxe de végétation dans le calcaire alpin du Steinfeld, entre Neüstadt et Vienne, alors que le pin sylvestre n'y végète qu'avec difficulté. C'était donc, comme l'évènement l'a depuis justifié, un auxiliaire puissant pour le revêtement végétal des cimes dépouillées, des roches nues et des calcaires compactes si fréquents en certaines parties de la France. On ne possédait guère en ce pays, en tant que conifère acceptant les calcaires arides et y prospérant, que le pin blanc ou d'Alep (*Pinus halepensis*). Mais, essence exclusivement méridionale, ce pin dépasse peu le 44e parallèle. Il se confine dans le Niçois, la Provence et l'ancien comtat d'Avignon, c'est-à-dire dans un coin seulement de ce grand État, ne s'élevant pas, en altitude, à plus de 1000 mètres au voisinage immédiat du littoral méditerranéen.

Le pin noir s'élève à pareille altitude et la dépasse même, dans des latitudes beaucoup moins méridionales. (Vienne est à environ 45° 30′ lat. sept.)

Cette nouvelle essence ne tarda pas à être l'objet d'une faveur particulière. Les résultats surprenants de son introduction dans les sols calcaires les plus brûlants, les plus maigres, les plus secs, sa facilité à reprendre même entre les fissures des rochers, lui donnèrent peu à peu une vogue croissante. On ne s'en tint pas aux sols calcaires; on voulut l'acclimater aussi dans les sables arides, dans les marnes glaiseuses, dans les argiles. Il y vint mal. Ici, dans les grès et les sables du néocomien, par exemple, il faisait piètre figure à côté du pin commun (*P. sylvestris*) qu'il avait rapidement distancé dans les terrains calcaires; là, comme dans les marnes argileuses de la Normandie, il cédait le pas à son voisin, son congénère sans doute, le pin de Corse (*P. laricio*).

On en vint aisément à se représenter, par suite de ces observations, le pin noir comme une essence calcicole, et cette opinion rationnelle, plausible, est encore celle d'un grand nombre de forestiers. Nous verrons qu'elle est peut-être excessive. Mais l'aptitude exceptionnelle de cette essence à s'accommoder d'une proportion considérable, prédominante même, de chaux dans le sol où elle croit, lui donne, au point de vue de l'utilisation et de l'amélioration des sols de cette nature, un intérêt considérable.

Cette qualité du pin d'Autriche se rattache d'ailleurs à d'autres qui lui sont communes soit avec les autres pins, soit avec la famille des résineux ou conifères en général, et qui donnent la raison de l'aptitude des arbres de cette famille à croître dans des sols trop pauvres et trop arides pour faire vivre les arbres appartenant aux essences feuillues et à bien plus forte raison les plantes agricoles.

Il nous a donc paru qu'il ne serait pas hors de propos de résumer dans une notice spéciale les travaux récents dont le pin noir d'Autriche a été l'objet, et, à son occasion, les recherches qui ont porté sur d'autres pins à exigences différentes, ainsi même que sur certaines essences angiospermes ou feuillues. Il en peut résulter des rapprochements et des comparaisons utiles au but que nous nous sommes proposé.

I

DE LA PLACE DU PIN NOIR ENTRE LES ESSENCES CALCICOLES ET CALCIFUGES.

Le *pin noir* ou *d'Autriche*, plus ordinairement désigné sous ces deux dénominations consécutives : *pin noir d'Autriche*, était considéré par Linné comme une espèce légitime, voisine du *laricio* de Corse, et l'illustre botaniste en avait fait le *P. nigra*. Mais Endlicher, et après lui le vénérable M. Matthieu, l'ancien sous-directeur de l'École de Nancy, dont la science fait autorité dans le corps forestier français, ne considèrent pas le pin noir comme une espèce voisine, mais bien comme une race constante du pin laricio : il est pour eux le *P. laricio austriaca*.

De l'espèce type à la race dérivée, les caractères botaniques ne diffèrent pas sensiblement : les feuilles de celle-ci sont un peu plus courtes, 7-10 centimètres au lieu de 10-15 dans l'espèce. Les cônes de l'*austriaca* dépassent légèrement les dimensions de ceux du pin de Corse et accentuent un peu plus la courbure de leur sommet. Les deux races ont les feuilles géminées, robustes, aiguës, d'un vert foncé et lustré qui tranche sur la verdure terne et bleuâtre des pins sylvestres. L'écorce est jaunâtre sur les pousses nouvelles et les jeunes rameaux, les chatons mâles d'une couleur analogue, de forme cylindro-conique, longs de 25 millimètres environ. Les chatons femelles ovoïdes de forme et de couleur rouge sont plus petits et n'ont pas les bractées saillantes. Devenus cônes, on les voit s'étaler horizontalement, solitaires ou par deux ou trois sur les rameaux, en affectant une forme arquée et une couleur d'un brun jaunâtre et luisant.

C'est dans le port, dans l'aspect général, dans le *facies*, que le *laricio* d'Autriche se distingue du *laricio* de Corse. Ce dernier s'élance droit comme un cierge et porte la pointe de sa cime jusqu'à 45 mètres au-dessus du sol, son tronc mesure de 5 à 6 mètres à la base, il est nu et lisse jusqu'à une grande partie de sa hauteur, dont les 5/6mes sont propres à la charpente dès que l'arbre approche de la centaine : la cime, alors aplatie et courte, se compose d'un petit nombre de grosses branches peu chargées de feuilles, et ne donne qu'un couvert léger. Le pin d'Autriche s'élève un peu moins haut, dépasse rarement 30-35 mètres avec 3-4 mètres à la base, et n'atteint pas toujours d'aussi belle dimension ; sa tige est moins droite, elle est ordinairement contournée plus ou moins sous le poids de branches nombreuses, puissantes et robustes, chargées à leurs extrémités d'épais bouquets de feuilles persistant pendant 4-5 ans (1), le tout formant une cime ample et touffue qui procure au sol un couvert épais et d'abondants détritus. Cette cime fournit une proportion de bois bien supérieure, comparativement à la tige, à celle du laricio de Corse ou même à celle du pin commun. Déterminée par des mesures prises sur un grand nombre d'arbres, cette proportion donne, d'après la *Flore forestière* de M. Matthieu, une moyenne de 8,24 p. 100. Enfin tandis que l'enracinement du laricio généralement faible, pivotant dans la première jeunesse seulement est réduit, à l'âge adulte, à un petit nombre de racines traçantes peu allongées, l'enracinement du pin noir, exclusivement traçant, est composé de racines nombreuses, robustes, qui s'étendent au loin.

La question qu'il est surtout intéressant d'étudier est celle de l'emploi que le laricio d'Autriche fait de la chaux qu'il puise en terre à l'aide de ses racines. Sa préférence pour les sols qui en contiennent une forte proportion, ou tout au moins son accommodement exceptionnel à cette sorte de terrains, est d'autant plus remarquable que son congénère de Corse ne manifeste point les mêmes prédilections, croissant sur des sols purement feldspathiques et paraissant rechercher de préférence les sables gras et les graviers argileux, produit de la désagrégation des granites.

Les savantes recherches faites par MM. Fliche et Grandeau, professeurs à l'école forestière de Nancy, sur la composition chi-

(1) Cf. Fliche et Grandeau : *Recherches chimiques sur la composition des feuilles du pin noir d'Autriche.* Nancy, 1878.

mique de sols où croissent le pin maritime et le pin noir d'Autriche et diverses autres essences ainsi que sur tout ou partie de ces essences elles-mêmes, nous aideront peut-être à jeter quelque lumière sur ce point.

Rappelons d'abord ce fait bien connu des forestiers et plus encore des botanistes, à savoir que si, parmi la multitude des plantes appropriées à un climat donné, beaucoup sont indifférentes relativement à la composition chimique des terres végétales, quelques-unes cependant refusent de croître dans un sol dépourvu d'une quantité suffisante de calcaire ou tout au moins de chaux, et sont dites *calcicoles*, tandis que d'autres sembleraient n'accepter que les sols siliceux et sont dites *silicicoles*. D'autres enfin, sans manifester d'exigences aussi rigoureuses, témoignent d'une prédilection manifeste pour telle ou telle nature de sol et sont dites *préférentes*. Il semble résulter des plus récentes observations de M. Grandeau et de M. Fliche, que les plantes dites silicicoles éprouveraient moins une tendance invincible à croître dans les terrains où domine l'élément sableux, qu'une insurmontable aversion pour la chaux, celle-ci, au delà d'une faible proportion, devenant un véritable poison pour elles. Aussi l'appellation de *calcifuge* tend-elle à remplacer ici celle de silicicole.

Les essences forestières de nos climats considérées comme expressément calcifuges sont le châtaignier (*Castanea*), le chêne-liège (*Quercus suber*), le chêne corsier (*Q. occidentalis*), ce chêne-liège du sud-ouest, et enfin le pin maritime (*P. pinaster*).

Les bouleaux (*Betula verrucosa*, *B. pubescens*, *B. intermedia*), le chêne tauzin (*Q. tozza*), le pin commun ou sylvestre et même le laricio de Corse passent pour préférer les sols siliceux et non calcaires quoique, moyennant une végétation moins vigoureuse, ils s'accommodent au besoin, et sans trop de façons, de terrains où l'élément calcaire entre pour une part importante.

La distinction est moins tranchée pour les essences forestières calcicoles que pour les calcifuges. Le pin blanc, toutefois (*P. halepensis*), semble l'hôte exclusif des calcaires rocheux et arides du Midi, et le sorbier cormier (*Sorbus domestica*), d'une aire beaucoup plus étendue, ne se rencontre pas, que l'on sache, en des sols où l'élément calcaire n'entrerait pas dans une proportion suffisante. Le pommier sauvage (*Malus acerba*) est considéré par certains comme calcicole [1]. Sont regardés comme affectionnant les sols calcaires, par préférence ou accommodement sinon à titre exclusif, le chêne yeuse (*Q. ilex*), plusieurs pomacées et un grand nombre de ces arbrisseaux et arbustes qui croissent comme sous-bois dans beaucoup de forêts et qu'en termes du métier l'on nomme les *morts-bois*; tels seraient : l'épine-vinette (*Berberis vulgaris*), le fusain (*Evonymus europæus*), le nerprun alaterne (*Rhamnus alaternus*), le térébinthe (*Pistacia terebinthus*), les sumacs (*Rhus cotinus* et *R. coriaria*), les cytises (*Cytisus laburnus, C. alpinus, C. decumbens*, etc.), le baguenaudier (*Colutea arborecens*), le bois de Sainte-Lucie (*Cerasus mahaleb*), les cornouillers (*Cornus mas, C. sanguinea*), la viorne mancienne (*Viburnum lantana*), divers chèvrefeuilles (*Leonicera caprifolium, L. xilosteum*).

Reste notre pin noir d'Autriche, les autres essences, arbres, arbrisseaux et arbustes de nos forêts, étant pour la plupart *indifférentes* quant à la composition chimique du sol. Ce pin, qui prospère dans les calcaires les plus exclusifs et les plus arides, au point de pouvoir en être considéré, au moins dans les latitudes et altitudes tempérées, comme la providence, n'est cependant pas essentiellement calcicole, dans l'opinion des agronomes forestiers comme dans la nôtre. Nous l'avons en effet trouvé en pleine voie de prospérité dans les périmètres de reboisement du Puy-de-Dôme, sur des terrains d'origine ignée où le carbonate de chaux fait entièrement défaut. Il y croît en mélange avec l'épicéa, le mélèze, le pin commun et le pin d'Auvergne qui est la race auvergnate du précédent : nulle part il n'y a été introduit à l'état de massif pur. Mais jusqu'ici, et depuis une vingtaine d'années d'où date son introduction, il se comporte d'une manière entièrement satisfaisante, presque aussi bien que l'épicéa et le

[1] Cf. *Étude chimique sur les essences principales de la forêt de Haye*, par E. Henry, répétiteur à l'École forestière de Nancy. 1878.

mélèze, aussi bien que le pin d'Auvergne et beaucoup mieux, à notre estime, que le pin sylvestre commun.

Sur les roches volcaniques, la réussite du pin noir n'infirmerait pas d'une manière absolue la réalité de ses exigences en matière de chaux, ces roches contenant toutes en plus ou moins forte proportion des pyroxènes ou des amphiboles pouvant fournir jusqu'à 22 p. 100 de leur poids en chaux, d'après Lyell (1), ce qui est plus que suffisant pour subvenir à tous les besoins.

Mais le pin noir d'Autriche, dans les travaux de reboisement de l'Auvergne, n'a pas été introduit seulement sur le flanc des *puys*, ces volcans d'extinction récente, sur les *cheyres* (coulées de laves) et sur les autres roches volcaniques plus anciennes, trachytes, basaltes, phonolithes, etc. Il l'a été également et avec non

---

(1) Cf. *Éléments de géologie.*
Voici, d'après ce géologue, la composition du pyroxène :

	Pyroxène (Rose).	Moyenne de 4 analyses.
Silice	53,36	53,57
Alumine	» »	1 »
Magnésie	*4,09*	*11,26*
Chaux	22,19	20,90
Oxyde de fer	17,38	10,75
Manganèse	0,09	0,67
Pertes	1,99	1,85
	100,00	100,00

M. COQUAND, professeur de minéralogie et de géologie à la faculté des sciences de Besançon (*Traité des roches,* Besançon, 1856) donne, pour le même minéral, de trois provenances différentes, les analyses que voici :

	Fassa.	Etna.	Somma.
Silice	50,15	52 »	50,27
Alumine	4,02	3,34	3,67
Magnésie	*13,48*	*10,* »	*10,45*
Chaux	19,57	13,20	12,20
Oxyde de fer	12,04	16,66	20,66
Pertes	0,74	4,80	2,75
	100,00	100,00	100,00

Les mêmes auteurs donnent, pour l'amphibole, les compositions suivantes :

moins de succès sur toutes les roches de la famille des granites, gneiss, micaschistes, porphyres, etc., notamment sur ce vaste plateau, déjà fort éloigné de la Limagne, qui sépare la vallée de la Sioule, dans le Puy-de-Dôme, du département de la Creuse : là, ce serait vainement que l'on chercherait un lambeau de terrain d'origine non granitique. Le pin noir d'Autriche, néanmoins, y réussit comme sur les roches volcaniques, n'accusant aucune préférence marquée pour les unes ou pour les autres : que si l'on peut constater parfois quelque différence dans la végétation de notre essence, elle doit être attribuée bien plus aux divers degrés de fertilité naturelle et de richesse du sol qu'à sa nature géologique.

Il est vrai que l'introduction du pin noir en Auvergne est, comme nous l'avons dit, assez récente, remontant tout au plus à une vingtaine d'années; et il n'y aurait rien d'impossible à ce qu'à un âge plus avancé une différence appréciable vînt à signaler sa végétation suivant l'origine géologique des sols sur lesquels il a été introduit : le fait serait loin d'être sans précédents parmi

---

	Lyell		Coquand		
	d'ap. Klaproth.	d'ap. Bonsdorff.	(Nantes.)	(Pyrénées.)	(Zillerthal.)
Silice	42 »	45,69	57,60	54,60	53,1
Alumine	12 »	12,18	0,75	0,85	1,7
Magnésie	*2,25*	*18,79*	*7,85*	*19,30*	*7,4*
Chaux	**11 »**	**13,85**	**9,56**	**10,45**	**11,4**
Potasse	traces	»	»	»	»
Oxyde de fer	30 »	7,32	22,67 (protox.)	12,10	25,6
Manganèse	0,25	0,22	»	»	0,2
Pertes	2,50	1,95 (Acide fluorique.)	1,57	2,70	0,6
	100,00	100,00	100,00	100,00	100,0

On voit que l'amphibole est moins riche en chaux et en magnésie que le pyroxène, mais qu'elle contient toujours ces deux éléments dans une proportion importante. Si on les additionne dans les diverses analyses qui précèdent, l'on obtient respectivement comme taux p. 100 d'ensemble de ces deux substances :

Pyroxène : 27,18 — 32,16 — 33,05 — 23,30 — 22,65 . . . moyenne 25,64
Amphibole : 13,25 — 32,84 — 17,41 — 29,75 — 18,08 . . . — 22,41

les tentatives d'acclimatation ou d'introduction d'essences nouvelles en des lieux où elles n'existaient pas naturellement. Mais, même dans son pays d'origine, le pin d'Autriche n'est pas toujours l'hôte exclusif des sols calcaires. Dans le Wiener-Wald notamment, non loin de Vienne, on le rencontre sur des terrains détritiques à gros éléments où la chaux est fort peu abondante.

On doit donc tenir pour plausible et rationnelle l'opinion de ceux qui pensent que le pin noir sait s'accommoder des sols contenant de la chaux sans exiger toutefois la présence de cette base.

Mais cette opinion peut-elle être envisagée comme réunissant une somme de probabilités équivalente à la certitude, ou bien aurait-elle besoin d'être confirmée par de nouvelles recherches mettant en lumière de nouveaux faits?

Examinons jusqu'à quel degré d'avancement les travaux des chimistes forestiers ont amené la solution de cette question; nous pourrons rechercher ensuite par quelle voie il serait possible de la trancher scientifiquement et définitivement.

II

ÉTUDE COMPARÉE DES CALCIFUGES ET DES CALCICOLES.

Nous avons rappelé plus haut qu'en dehors du très grand nombre de végétaux qui se montrent indifférents à la nature chimique du sol, pourvu qu'ils y trouvent la quantité de principes minéraux et d'azote nécessaire à l'élaboration de leurs tissus, les uns se distinguent par leur aversion absolue pour les sols *trop* riches en calcaire, les autres réclamant plus ou moins impérieusement la présence de ce même élément. Entre ces deux caractères nettement tranchés, on trouve un certain nombre d'essences forestières qui semblent préférer les unes l'abondance, les autres l'absence ou une proportion moindre de cette base ou tout au moins s'en accommoder.

Mais où est la limite nettement tranchée qui sépare les espèces absolument calcifuges de celles qui ne le sont que par préférence? et où trouverons-nous la démarcation exacte entre celle-ci et celles qui préfèrent les sols calcaires où s'en accommodent? Enfin où commence la qualité calcicole proprement dite?

Sans être d'une précision absolue, les réponses à ces questions existent cependant. Nous espérons qu'elles se dégageront des considérations qui vont suivre.

Dans un mémoire fréquemment cité sur le châtaignier, mémoire qui a paru dans le *Bulletin de la Société botanique de France* du 8 avril 1870, M. Chatin a établi que cet arbre, essentiellement calcifuge, ne supporte qu'avec peine, dans le sol où il croît, une teneur en chaux de 3 p. 100 et disparaît infailliblement, avec la fougère impériale (*Pteris aquilina*) et les bruyères, quand la teneur dépasse ce taux.

MM. Fliche et Grandeau, à leur tour, ont expérimenté cette essence [1] : ils ont analysé des sols très différents sur lesquels croissaient fort inégalement des châtaigniers résultant de repeuplements artificiels et dans des conditions identiques d'altitude, d'exposition et de climat. Sur un terrain sableux d'origine miocène, où la partie insoluble (fer, alumine, silice) entre dans la proportion de 90,55 p. 100, au lieu dit *Les Quatre-Arpents*, dans le bois de Champfétu dépendant de la forêt d'Othe (Yonne), la teneur en chaux est de 0,35 p. 100 : les châtaigniers y croissaient vigoureusement, atteignaient de belles dimensions et se ressemaient naturellement. Au canton de *Barrière-de-la-Garenne* [2], provenant de la craie blanche du crétacé supérieur, le résidu insoluble n'est plus que de 58,53 p. 100, auxquels on peut ajouter cependant 3,80 d'alumine et sesquioxyde de fer, et la teneur en chaux n'est pas inférieure à 15,32 p. 100. On se rendra mieux compte, au surplus, de la différence de composition des deux terrains, par le tableau ci-dessous :

---

[1] *De l'influence de la composition chimique du sol sur la végétation du châtaignier.* Nancy, 1878.

[2] *Recherches sur la végétation forestière du pin maritime,* Ibid.

	Quatre-Arpents.	Barrière-la-Garenne.
Eau	1,75	3,90
Matières combustibles.	5,50	6,85
Acide carbonique.	0,70	11,17
Chaux	**0,55**	**15,52**
Magnésie	0,38	0,20
Potasse	0,07	0,08
Soude.	0,06	0,12
Acide phosphorique.	0,64	0,05
Alumine et sesquioxyde de fer.	90,55	3,80
Manganèse		0,30
Résidu insoluble		58,53
	100,00	100,52

Dans le second de ces deux terrains, la végétation des châtaigniers était des plus mauvaises; beaucoup avaient péri, d'autres, qui avaient été coupés n'avaient donné autour des souches que des rejetons grêles, sans hauteur, chétifs et malingres, et ceux qui n'avaient point été recepés ne constituaient que des arbres rabougris, de faibles dimensions, tout à fait dépérissants. On a inciméré des échantillons convenablement choisis des feuilles et du bois des uns et des autres, et voici les résultats fort dignes d'attention de l'analyse des cendres ainsi obtenues :

CORPS COMPOSANTS.	Châtaigniers bienvenants.		Châtaigniers malvenants.	
	Feuilles.	Bois.	Feuilles.	Bois.
Silice	5.79	3,08	1,46	1,36
Acide phosphorique . .	12,32	4,53	12,30	4,27
Chaux.	**45,37**	**73,26**	**74,55**	**87,36**
Magnésie	6,63	3,99	3,70	2,07
Potasse.	*21,67*	*11,65*	*5,76*	*2,69*
Soude	3,86	0,00	0,66	0,28
Sesquioxyde de fer. . .	1,07	0,24	0,83	1,27
Acide sulfurique. . . .	2,97	1,43	0,00	0,64
Chlore	0,30	0,00	0,52	0,08
TOTAUX. . . .	99,98	99,98	99,98	99,96
Taux p. c. des cendres. .	4,80	4,74	7,80	5,71

On est frappé tout d'abord, à l'inspection de ce tableau, de la proportion énorme de chaux, contenue tant dans les feuilles que dans le bois, des châtaigniers bienvenants et ayant crû sur un sol dans la composition duquel cette base n'entre que pour 35 dix-millièmes (0,35 p. 100) !

Ainsi voilà une essence essentiellement calcifuge qui fait cependant entrer la chaux pour près de moitié dans la composition minérale de ses feuilles et pour plus de 73 p. 100 dans celle de son bois! Et cela dans des conditions de végétation normale et prospère... Dans la même forêt, sur un sol aussi riche en chaux que l'autre en était pauvre (15,32 p. 100 au lieu de 0,35 p. 100, c'est-à-dire près de 44 fois plus), l'accroissement en cette matière se fait sentir surtout dans les feuilles, toujours plus riches en principes minéraux *pris ensemble* que le bois, mais où la teneur en chaux est au contraire normalement plus faible, et l'état maladif et dépérissant de la végétation se traduit par une augmentation importante dans le taux des cendres. Naturellement l'accroissement de la teneur en chaux entraîne une diminution correspondante dans le taux des autres éléments; mais c'est sur le taux de la potasse que l'écart est le plus important : de 21,67 dans la feuille il descend à 5,76 et de 11,65 dans le bois il s'abaisse à 2,69. L'acide phosphorique n'éprouve pas de modifications appréciables, mais l'oxyde de fer et l'acide sulfurique subissent des atténuations importantes.

Des recherches analogues ont été faites par les deux mêmes savants sur le pin maritime [1]. Elles ont d'autant plus d'intérêt dans la question qui nous occupe que des pins noirs croissaient en mélange dans la même forêt avec les pinastres, non loin des châtaigniers analysés et dans des sols de même composition. Ces sols, on l'a dit plus haut, proviennent les uns du miocène, les autres de la craie des terrains secondaires supérieurs; les premiers, véritables terrains *siliceux*, forment un lit de puissance variable reposant sur les seconds: sur certains points des éboule-

---

[1] *De l'influence de la composition chimique du sol sur la végétation du pin maritime* (P. pinaster). Nancy, 1878.

ments ou l'action des eaux ont mélangé les éléments du miocène à ceux du crétacé pour former un sol *siliceo-calcaire* où la chaux entre pour 3,25 p. 100 et l'acide carbonique pour 3,54 dans la partie superficielle, la teneur de ces éléments croissant avec la profondeur pour arriver, dans le sous-sol — pris à $0^{m},30^{c}$ au-dessous de la surface, — la chaux à 24,04 p. 100 et l'acide carbonique à 19,59. Dans les parties non recouvertes par les sables miocènes, on a la craie presque pure tant à l'état de terre fine que de fragments plus gros : c'est un sol *calcaire* absolument stérile pour le pin maritime qui n'y vient pas seulement mal comme dans le siliceo-calcaire, mais qui se refuse obstinément à y végéter d'une manière quelconque. Ici la chaux compte pour 29,72 p. 100 et l'acide carbonique pour 24,45, ce qui donne une teneur de carbonate de chaux de plus de moitié de la composition totale.

Des semis d'essences variées, notamment de pin maritime et de pin sylvestre, de châtaignier et d'autres essences feuillues, ont été faits en 1852, en mélange et indistinctement, sur ces divers terrains; neuf ou dix ans plus tard le pin noir d'Autriche y a été planté comme regarni dans les parties où le semis avait échoué.

Dans ces repeuplements le pin maritime et le châtaignier se sont comportés de la même façon. Tout a levé à profusion; mais dès la seconde année les plantules de ces deux essences avaient presque complètement disparu de la partie la plus calcaire, et leurs rares survivantes n'ont pas tardé à périr à leur tour. Cependant sur le même emplacement, le pin sylvestre a mieux résisté; il n'a point, comme le maritime, séché sur pied; et les essences feuillues autres que le châtaignier ont donné, après une première jeunesse plus ou moins difficile et souffreteuse, une végétation en voie d'amélioration progressive. Sur les parties tertiaires le pin maritime avait réussi et prospéré, et la beauté de sa végétation allait croissant avec l'épaisseur de la couche miocène au-dessus du crétacé. Restait la partie siliceo-calcaire, contenant 3,25 p. 100 de chaux seulement avec quelques débris organiques dans le dix premiers centimètres d'épaisseur et augmentant cette teneur jusqu'à la porter à 24 p. 100 dans la profondeur de 30 à 40 centimètres. Un certain nombre de pins maritimes y avaient persisté jusqu'à l'époque où ont eu lieu les expériences (antérieurement à l'année 1879), mais en présentant tous les signes d'une végétation dépérissante; chaque année il en séchait sur pied quelques-uns et peu de temps devait se passer avant qu'ils eussent entièrement disparu. Plus jeunes d'une dizaine d'années, les pins noirs d'Autriche, malgré les attaques du lapin qui les ont fort éprouvés pendant les années consécutives à leur plantation, se montraient dans des conditions généralement satisfaisantes : sur le sol silicco-calcaire, où le *pinaster* dépérissait et mourait, les jeunes pins noirs offraient un feuillage d'un beau vert foncé avec des pousses de plus en plus vigoureuses; sur la craie privée de tout mélange avec le sable miocène, où aucun pin maritime n'a pu résister au delà de la troisième année, les pins noirs étaient moins beaux que sur le mélange, mais ils persistaient et leur végétation allait s'améliorant d'année en année.

Des rameaux de pin maritime bienvenant (sol miocène siliceux), de pin maritime dépérissant (craie mêlée de sable) et de pin noir d'Autriche (sol crayeux), choisis de manière à représenter des poids sensiblement égaux tant dans leur ensemble que comme feuilles, bois et écorce, ont été incinérés, et l'analyse de leurs cendres a donné les résultats, remarquables à plus d'un titre, que contient le tableau ci-dessous :

ÉLÉMENTS COMPOSANTS des CENDRES.	PIN MARITIME		PIN NOIR D'AUTRICHE.
	bienvenant.	malvenant.	
Acide silicique	9,18	6,42	7,14
Acide phosphorique	9,00	9,14	11,33
Chaux	**40,20**	**56,14**	**49,13**
Magnésie	20,09	18,80	15,49
Potasse	*16,04*	*4,95*	*13,56*
Soude	1,91	2,52	2,24
Sesquioxyde de fer	3,83	2,07	3,29
TOTAUX	100,25	100,04	100,18
Taux p. c. des cendres	1,32	1,535	2,45

Les chiffres de ce tableau ne sont pas moins dignes d'attention que ceux du précédent (2e tableau de la p. 11).

Le pin maritime bienvenant sur un sol siliceux, où la chaux n'existe que dans la proportion de 35 dix-millièmes (cf. tableau de la p. 11), s'est assimilé, en cet élément, plus de 40 p. 100 du poids de ses cendres. Le sol, siliceo-calcaire à la surface (3,25 p. 100) et tout à fait calcaire à 30 ou 40 centimètres au dessous (24,05 p. 100), peut être considéré comme moyennement approchant, quant à la teneur en chaux, du sol de *Barrière-la-Garenne* (1er tabl. de la p. 11) où le taux en cette substance est de 15,32 p. 100; les pins maritimes malvenants et dépérissants qui y croissent où plutôt qui y décroissent, fournissent une teneur de 56,14 p. 100. Ces résultats sont tout à fait comparables à ceux qu'a donnés l'analyse de cendres de châtaigniers venus sur des sols identiques ou analogues, bien que la quantité de chaux soit moindre dans les cendres du pin maritime. Quant au pin d'Autriche venu sur la craie, sa teneur en chaux est intermédiaire entre celle des pinastres bienvenants et dépérissants; mais lui, après avoir souffert pendant les premières années qui ont suivi sa plantation, a repris le dessus et voit sa végétation s'améliorer d'année en année; s'il révèle un taux plus élevé de matières minérales le fait s'explique par ses dix ans de moins relativent aux pins maritimes.

A côté des teneurs en chaux il faut considérer aussi les taux de potasse. Ils marchent en sens inverse des premières dans le *P. pinaster* comme dans le châtaignier : de 16,04 p. 100 dans les maritimes bienvenants, il se réduit de plus des deux tiers dans des dépérissants, à 4,95, tandis que sa proportion paraît demeurer normale (13,56) dans le pin noir qui contient aussi, comme le font remarquer les auteurs du mémoire, une proportion sensiblement plus forte d'acide phosphorique. Ces auteurs concluent de cette teneur importante en potasse et en acide phosphorique ainsi qu'en oxyde de fer (3,29 p. 100, à peu près comme le pin maritime bienvenant qui fournit 3,83 de cette base, le dépérissant en offrant seulement 2,07), que c'est là qu'il faut voir la raison pour laquelle le laricio d'Autriche peut se développer vigoureusement sur les sols essentiellement calcaires.

Réservons cette conclusion, et admettons avec les deux savants professeurs que ce qui cause le dépérissement et la mort du châtaignier et du pin pinastre dans les sols riches en chaux c'est que, gorgés de cette substance au delà de la mesure qui leur est nécessaire, ils ne peuvent plus s'assimiler les proportions requises d'autres éléments et très particulièrement de la potasse dont l'importance dans la nutrition végétale ne saurait être contestée, puisque la production de l'amidon est essentiellement liée à l'existence de cet alcali (1).

Il n'en est pas moins vrai que, toutes calcifuges qu'elles soient, ces deux essences n'en réclament pas moins de moitié environ de chaux dans la teneur des principes minéraux nécessaires à leur existence ! MM. Fliche et Grandeau voient aussi dans la diminution de la proportion de sesquioxyde de fer une des causes du dépérissement du pin maritime. Peut-être y aurait-il lieu à quelque contestation sur ce point : sans nul doute, le fer remplit un rôle important dans l'élaboration de la chlorophylle. Mais dans le châtaignier l'effet inverse se produit : la production moyenne du sesquioxyde de fer dans les cendres (feuilles et bois) des arbres bienvenants est inférieure à celles des arbres malvenants. Il faudrait, pour que la conclusion ci-dessus fût inattaquable, établir que le fer agit différemment pour la production de la chlorophylle dans le châtaignier et dans le pin.

Quoi qu'il en soit, la teneur en chaux des cendres des diverses essences forestières ne parait pas être en relation bien constante avec les aptitudes calcicoles ou calcifuges ou neutres de ces mêmes essences.

Dans une *Étude chimique sur les essences de la forêt de Haye*, M. Henry nous montre le coudrier, le charme, essences indifférentes (2) presque aussi exigeants ou plus exigeants en matière de

(1) Cette importante loi de physiologie végétale a été mise en lumière par un travail des savants allemands Nobbe, Schrœder et Erdmann, analysé par les professeurs de l'École forestière de Nancy dans le *Journal d'agriculture pratique*, année 1872.

(2) Le coudrier recherche les sols frais, quelle qu'en soit la composition minéralogique,

chaux que le pommier sauvage qu'il donne comme franchement calcicole : le taux moyen en chaux des cendres de la tige, des branches, de l'écorce et des feuilles de ces trois essences, est moyennement de 71,81 p. 100 pour le coudrier, de 74,05 p. 100 pour le pommier, et de 74,79 p. 100, pour le charme.

De leur côté MM. Fliche et Grandeau ont étudié à un point de vue analogue les papilionacées ligneuses ([1]), parmi lesquelles le genêt à balais (*Sarothamnus vulgaris*) et l'ajonc (*Ulex europæus*), sont nettement calcifuges, le robinier (*Robinia pseudacacia*) indifférent et le faux ébénier (*Cytisus laburnum*) sinon très franchement calcicole, du moins fort accommodant avec les sols calcaires. C'est dans le bois de Champfétu où ils ont étudié, comme on l'a vu, la composition minérale du châtaignier, du pin maritime et du laricio d'Autriche, que ces infatigables pionniers de l'agronomie forestière ont analysé, après incinération, des échantillons convenablement choisis des quatre essences précédentes. Il se trouve que la teneur en chaux atteint un chiffre de beaucoup le plus élevé dans l'essence indifférente, le faux acacia (58,99 p. 100), et que dans le cytise, l'essence à tendances calcicoles, le taux en cette base n'est pas sensiblement plus fort que dans les deux calcifuges, l'ajonc et le genêt : ce dernier révèle en effet 25,05 p. 100 de chaux, l'autre calcifuge 25,97 et le calcicole 27,15 ([2]).

Les quatre papilionacées, ainsi analysées, étaient également prospères et bienvenantes. Il importe de remarquer que toutes quatre accusent, nonobstant leurs teneurs en chaux, des taux comparativement très élevés en potasse et en acide phosphorique et que, relativement au châtaignier, par exemple, l'infériorité de leur teneur en chaux est compensée par une plus grande quantité de magnésie.

---

demande de la lumière, etc. (A. Mathieu, *Flore forestière*, 3e édit., 1877, p. 340). — Les sols argilo-sablonneux sont ceux que préfère le charme; il s'accommode aussi des terres argileuses et calcaires. *Ibid.*, p. 345.

([1]) *Recherches chimiques sur les papilionacées ligneuses*, publiées dans les *Ann. de chim. et de phys.*, année 1879 (5e série, t. XVIII).

([2]) *Loc. cit.*, p. 9 du Mémoire.

Mettons en regard les proportions de ces quatre substances minérales dans chacune de nos quatre essences :

	Chaux.	Potasse.	Acide phosphorique.	Magnésie.
Cytise	27,15	23,77	16,74	17,76
Ajonc	23,97	28,81	7,86	10,71
Genêt	23,03	33,06	13,83	10,48
Acacia	38,99	18,27	9,21	3,16

Ces chiffres, si l'on se rappelle (cf., p. 14) que le pin maritime et le pin d'Autriche bienvenants avaient donné, pour la potasse 16,04 et 13,56, et pour l'acide phosphorique 9 et 11,33, ne laissent pas d'avoir leur intérêt : ils montrent que ces deux éléments sont, le second probablement et le premier certainement, l'une des causes nécessaires de la vitalité et de la bonne venue des sujets, puisque là où leur proportion se trouve atténuée par suite d'un accroissement anormal dans la teneur en chaux, l'on n'a plus qu'une végétation maladive, décroissante et condamnée à périr prématurément. Ils montrent en même temps que, dans les espèces indifférentes ou calcicoles, la proportionnalité plus ou moins forte de la chaux ne met point obstacle à une absorption suffisante de potasse et d'acide phosphorique. Cela tient sans doute à ce que ces espèces, tout en exigeant ou pouvant supporter une certaine teneur maxima en chaux, auraient la faculté de limiter leur absorption de cette base au point où elle pourrait devenir, en elles, un obstacle à l'assimilation de la potasse et peut-être du phosphore. Ainsi nous avons vu le pin noir d'Autriche, dans un sol éminemment calcaire, arrêter en lui l'assimilation de la chaux à 49 p. 100 de ses parties minérales et porter à 13 $^1/_2$ p. 100 l'absorption de la potasse, tandis qu'en un sol déjà moins riche en calcaire, le pin maritime se laissait envahir par 56,14 de chaux et ne laissait place qu'à 2,52 de potasse.

On pourrait ainsi conclure des diverses analyses résumées ci-dessus que, calcicoles, calcifuges ou indifférentes, les plantes ligneuses ont toutes besoin d'une teneur en chaux assez élevée, mais que celles qu'on appelle calcifuges, sont précisément celles qui absorbent la chaux avec le plus de facilité, ne sachant en arrêter l'ingestion, puis se consumant et périssant d'une sorte de pléthore calcique corrélative d'une disette de potasse, quelquefois de phosphore et peut-être d'oxyde de fer. Elles seraient calcifuges un peu à la façon dont on pourrait dire, des bestiaux qui périssent par météorisation quand on les a laissés s'échapper dans un champ de luzerne, qu'ils sont *médicaginifuges*.

Il serait intéressant de fixer, pour chaque essence forestière dite calcifuge, la teneur en chaux du sol au delà de laquelle ses facultés d'absorption s'exercent d'une manière trop prépondérante sur cet alcali. Il n'y aurait pas moins d'utilité non plus à déterminer quel est, pour les essences calcicoles, le mininum de proportion de chaux dans la composition des terres, au-dessous duquel elles refuseraient de croître, ne trouvant plus à se l'assimiler dans la proportion nécessaire à la composition de leurs tissus.

III

TENEURS COMPARÉES DES CENDRES DES PINS MARITIME ET SYLVESTRE ET DE DIVERS FEUILLUS AVEC LE PIN D'AUTRICHE.

—

CONCLUSIONS.

Cette limite existe-t-elle pour le pin d'Autriche ?

Il a été remarqué plus haut que ce pin offre une végétation tout aussi brillante sur les terrains exclusivement granitiques du périmètre de reboisement de la Sioule, en Auvergne, sur les dômes et les versants volcaniques du périmètre de Clermont, enfin parmi les rochers détritiques pauvres en chaux du Wiener-Wald en Autriche, que dans les sols à base calcaire où on le rencontre le plus ordinairement.

Or nous avons observé déjà que les sols volcaniques sont fort loin d'être dépourvus de chaux, contenant tous soit du pyroxène-augite, soit de l'amphibole-hornblende, où la chaux entre dans une proportion variant de 10 à 22 p. 100.

La chaux ne fait pas absolument défaut non plus aux roches granitiques et porphyriques. Les feldspaths en contiennent souvent soit des traces, soit des proportions appréciables pouvant aller jusqu'à 3 p. 100 dans le feldspath commun (Lyell) et jusqu'à 10 p. 100 dans le labrador (Coquand). Quelques variétés de silex et de quartz (quartz résinite) en renferment aussi, et on la retrouve encore dans la composition de certains micas. M. Grandeau, dans les trente analyses de sols tant agricoles que forestiers qu'il a faites en vue de sa *Théorie nouvelle de la fertilité des terres* (1), a recherché la présence de l'acide phosphorique dans les terrains granitiques et porphyriques pris dans les départements de l'Aisne, de Meurthe-et-Moselle et des Vosges, et a constaté, à cette occasion, que s'il existe dans l'un de ces sols, à Hublainville (Meurthe-et-Moselle), six dix-millièmes de chaux, dans six autres de composition analogue l'analyse n'en a révélé que « des traces presque nulles. » Cependant ces sols sont productifs les uns de céréales moyennant une fumure ordinaire, les autres d'une bonne végétation forestière. Où donc les plantes qu'ils portent prennent-elles la chaux nécessaire à leur végétation? Dans les sols agricoles on peut supposer qu'elle leur est fournie par la fumure. Mais dans les sols boisés? Les arbres qui y croissent savent cependant les trouver : évidemment ce ne peut être que dans ces « traces presque nulles. » Cette conclusion est corroborée du reste par les analyses des sols des dunes et des landes de Gascogne et des pins maritimes qui les couvrent, recherches dues à MM. Grandeau et Henry (2). Dans le terrain de sable et alios des environs de Mont-de-Marsan, la teneur en chaux du sol ne se révèle que par de simples traces à la partie superficielle et au-dessous de l'alios, et elle est nulle dans l'alios. Dans la forêt domaniale de Lége, même département, on trouve six dix-millièmes, non pas de chaux, mais de carbonate de chaux, dans le sable supérieur, sept dix-millièmes dans

(1) *Annales de la Station agronomique de l'Est.* 1878.

(2) *Le sol des landes et des dunes et la végétation des pins maritimes*, par MM. L. Grandeau et Ed. Henry. Nancy, 1878.

l'alios, et cinq dix-millièmes dans le sable inférieur, néant dans la matière noire de l'alios. La potasse est représentée respectivement dans les mêmes lieux, 1° par des *traces* (au-dessus de l'alios), 25 cent-millièmes (au-dessous de l'alios), *traces* (alios); 2° par 1, 4 et 3 dix-millièmes; l'acide phosphorique par 6 dix-millièmes, 12 cent-millièmes, 59 dix-millièmes, enfin par 2, 5 et 4 dix-millièmes. Pour plus de clarté, présentons ces chiffres dans un petit tableau d'ensemble :

CORPS COMPOSANTS.	ENVIRONS DE MONT-DE-MARSAN.			FORÊT DOMANIALE DE LÈGE.		
	Sable au-dessus de l'alios.	Alios.	Sable au-dessous de l'alios.	Sable sur l'alios.	Alios.	Sable sous l'alios.
Chaux	Traces.	Néant.	Traces.	»	»	»
Calcaire	»	»	»	0,06 p. c.	0,07 p. c.	0,05 p. c.
Potasse.	Traces.	Traces.	0,025 p. c.	0,01 —	0,04 —	0,03 —
Acide phosphorique .	0,06 p. c.	0,59 p. c.	0,012 —	0,02 —	0,05 —	0,04 —

Dans le sol fixé des dunes de Longaville, aux Sables d'Olonne, la proportion de chaux est sensiblement plus forte, celles de la potasse et de l'acide phosphorique étant à quelque chose près les mêmes : recherchées sur le sable superficiel mobile, sur le sable fixé et enfin à la profondeur du pivot des pins maritimes analysés, soit 1 m. 30, les proportions de chaux ont été trouvées respectivement de 3,425 p. 100, 2,457 p. 100 et 1,915 p. 100.

Ces trois exemples suffisent pour montrer que si les sables des dunes sont relativement riches en chaux, puisque la proportion en dépasse 3 p. 100 à la partie superficielle du sol, ceux des landes n'en contiennent pour ainsi dire pas : de simples traces ou 5 à 6 dix-millièmes, *à l'état de calcaire*, ce qui représente à peine 3 dix-millièmes à l'état de chaux pure.

Cependant si l'on examine le résultat de l'analyse des cendres de pins maritimes pris sur différents emplacements de ces terres de sable, on voit qu'elles ne se ressentent pas sensiblement, dans leur teneur en chaux et en potasse, des variations dans la composition de ces sols, et qu'elles contiennent sensiblement une proportion aussi forte de cette base dans le terrain où elle est censément nulle que dans ceux où elle dépasse 3 p. 100 au moins à la surface (2.6 p. 100 en moyenne de la surface à la profondeur atteinte par la partie pivotante des racines). Bien plus, ces teneurs en chaux oscillent autour de celles des pins maritimes bienvenants du bois de Champfétu, en Champagne, en sol siliceux du miocène. Les teneurs en potasse se tiennent également dans une proportion que l'on peut considérer comme constante. La chaux varie de 37 à 47 p. 100, la potasse de 15 à 19, comme on peut le voir d'un seul coup d'œil par le tableau ci-dessous, dans lequel on remarquera que la teneur en cendre de ces arbres est d'autant plus faible que le sol est plus pauvre en principes minéraux assimilables.

Corps composants.	LANDES de la forêt de Lège.	DUNES. Forêt dom[le] de Forges.	DUNES de Longaville (Sables d'Olonne.)	DUNES d'Arcachon.	FORÊT DE CHAMPFÉTU (YONNE) Siliceux miocène.	Siliceo-calcaire sur sous-sol crayeux.
					Arbres bienvenants.	Arbres dépérissants.
Chaux. . . .	36,76 p. c.	38,79 p. c.	43,94 p. c.	47,40 p. c.	40,20 p. c.	36,14 p. c.
Potasse . . .	19,20 —	14,89 —	18,78 —	18,30 —	16,04 —	4,95 —
Acide phosphorique. .	7,73 —	13, » —	4,75 —	8,08 —	9,00 —	9,14 —
Rapport des cendres à la matière sèche . . .	0,42 —	0,62 —	0,57 —	»	1,32 —	1,333 —

Il suffit donc que le sol contienne des traces des éléments minéraux dont les végétaux ont besoin, et cela dans une proportion tellement infime que l'analyse chimique seule puisse en révéler la très rare présence, pour que ces mêmes végétaux sachent, par l'action de leurs racines, s'en assimiler la quantité dont ils ont besoin.

Le pin noir d'Autriche n'a pas été jusqu'ici analysé au point de vue de la détermination de la quantité de chaux nécessaire à la fixation de ses divers tissus. Mais il y a tout lieu de penser que cette quantité doit osciller autour de la teneur de 49 p. 100 trouvée sur les pins de la partie crayeuse du bois de Champfétu. Du reste si les analyses comprenant la totalité de la plante n'ont pas été multipliées, il en a été fait de nombreuses et très complètes, toujours par MM. Fliche et Grandeau, sur les feuilles de cet arbre prises à différents âges : naissantes, d'un an, de deux, trois et quatre ans, et aux diverses phases de la végétation, en mai, en juin, en septembre et en octobre. Les résultats de ces recherches ne laissent pas d'être fort instructifs.

A tous les âges de la feuille le taux de la chaux va en croissant de mai à octobre; il croît aussi avec l'âge, au point d'arriver, à la fin de la quatrième année, au chiffre énorme de 70 p. 100. Dès le début de leur formation, au mois de juin de la première année, il est déjà de $^1/_6$ du poids total des cendres et atteint près de moitié (45 p. 100) en octobre. La potasse suit une marche inverse, commençant à 26 $^1/_3$ p. 100 à la naissance de la feuille pour descendre à de simples traces dès le mois de juin de la quatrième année, conformément d'ailleurs à la loi formulée par Ebermayer [1]. Or il est remarquable que pendant la première année d'existence de la feuille, une proportion déjà très forte de chaux (près de 50 p. 100 en moyenne) ne fait pas obstacle à la présence d'une quantité relativement considérable de potasse (environ 22 p. 100, terme moyen). C'est le contraire

---

[1] Cette loi que nous avons eu occasion de signaler incidemment dans la *Revue des questions scientifiques* d'avril 1880 (*Le couvert et la couverture du sol forestier*), s'exprime en ces termes :

« Tous les organes, toutes les parties des plantes possèdent, à l'état vivant, une proportion beaucoup plus forte d'acide phosphorique et de potasse qu'après la cessation de la végétation, tandis que mortes, les mêmes parties, *appauvries en ces deux substances*, ont vu s'accroître sensiblement leur proportion de chaux et de silice. »

La durée de la vie des feuilles étant réduite à une ou quelques années, la marche de cette loi doit se reconnaître aux diverses époques de l'année végétative comme aux diverses périodes de l'existence de ces organes, et c'est ce que vérifient les analyses de MM. Fliche et Grandeau.

de ce qui se passe dans le pin maritime, le châtaignier, les essences enfin que, pour ce motif, l'on a appelées calcifuges. Y a-t-il là une simple coïncidence ou une relation véritable de cause à effet ? Cette dernière vue est la plus probable : les savants expérimentateurs auxquels nous empruntons les résultats de leurs recherches l'admettent comme certaine, et l'on doit convenir qu'en l'état actuel de la science elle donne une explication, rationnelle et plausible, sinon complète, des aptitudes calcicoles du pin noir d'Autriche et, par analogie, des autres essences qui prospèrent dans les sols contenant une forte teneur de chaux. Les mêmes auteurs voient aussi dans l'augmentation de cette teneur, de l'origine à la mort de la feuille, une preuve de plus que cette base sert, au moins en partie, à neutraliser les acides nuisibles à la végétation et à incruster les tissus.

Il résulte, en tout cas, de ces observations une aptitude bien prononcée du laricio autrichien pour croître dans les sols calcaires, et cette conclusion est corroborée par des observations analogues ayant eu pour objet le pin sylvestre, essence non absolument calcifuge, mais de préférence silicicole. Ces observations, faites à Tharand par Schrœder et rapportées par Ebermayer dans son *Étude d'ensemble sur la couverture des forêts,* donnent pour des feuilles du *Pinus sylvestris* de l'année, de deux ans et mortes, des chiffres parmi lesquels nous citerons ceux qui se rapportent aux éléments dont nous venons de nous occuper pour le *Pinus austricea,* chaux, potasse, acide phosphorique.

	Aiguilles de l'année.	Aiguilles de deux ans.	Aiguilles mortes (au bout de trois ans.)
Chaux	12,07	25,95	28,65
Potasse	40,01	22,00	9,45
Acide phosphorique	19,06	12,71	3,94

On voit que la teneur en chaux suit une marche ascendante comme dans les feuilles du pin noir, mais en se maintenant dans des proportions beaucoup plus modestes, puisque dans celles-ci elle est moyennement de 29 p. 100 à la première année, de 56 à la seconde, pour arriver à 70 à la fin de la quatrième. A l'inverse, la potasse se montre d'abord à un taux beaucoup plus élevé dans la feuille du pin sylvestre : 40 p. 100 au début au lieu de 22 p. 100 dans celle du pin noir, et se maintient, tout en décroissant, dans une proportion toujours forte : 22 p. 100 à deux ans (elle n'est à cet âge que moyennement de 11 p. 100 dans la feuille du laricio d'Autriche), et 9 $^1/_2$ après la mort au lieu de se réduire à de simples traces comme dans la feuille mourante du *Pinus nigra.*

La même marche de ces deux principes minéraux déterminants, la chaux et la potasse, est donc observée dans les deux pins, mais avec des proportions différentes : plus faible pour la chaux et plus forte pour la potasse dans la moins calcicole des deux, et réciproquement.

Il y aurait lieu de tenir compte aussi de la composition générale des feuilles, pour mieux se rendre compte des aptitudes culturales de l'essence qui fait l'objet principal de notre étude. Ici encore MM. Fliche et Grandeau seront nos guides.

Ils ont établi les teneurs : 1° en eau et térébenthine ; 2° en cendres brutes évaluées par rapport à la matière sèche ; 3° en cendres *pures*, c'est-à-dire débarrassées de l'acide carbonique et du sable ; 4° en azote, et 5° enfin en acide carbonique.

Nous donnerons ces teneurs mois par mois pour l'année de la naissance et pour la quatrième année, et moyennement seulement pour les seconde et troisième où ces teneurs ne présentent pas de variations bien accentuées :

Teneur des feuilles du Pin noir en EAU ET TÉRÉBENTHINE, CENDRES, AZOTE, ACIDE CARBONIQUE.	FEUILLES DE L'ANNÉE (1875).			FEUILLES de 1874 (moyennes).	FEUILLES de 1873 (moyennes).	FEUILLES DE TROIS ANS ou de 4e année (1872).				FEUILLES de 1871 (mourantes ou mortes en mai 1875.)
	Juin.	Sept.	Oct.			Mai.	Juin.	Sept.	Oct.	
	Taux p. c.	Taux p. c.	Taux p. c.	Taux p. c.	Taux p. c.	Taux p. c.	Taux p. c.	Taux p. c.	Taux p. c.	Taux p. c.
Eau et térébenthine réunies .	70,61	71,70	57,58	58,29	58,76	49,80	50,69	55,31	44,47	40,00
Cendres brutes.	1,73	2,05	2,25	2,57	3,35	4,10	3,17	4,90	4,72	6,13
Cendres pures	1,63	1,84	1,91	2,03	2,62	3,12	2,62	3,82	3,28	4,55
Azote.	1,20	1,11	1,33	1,30	0,97	0,78	0,71	0,49	0,53	0,61
Acide carbonique.	04,92	10,00	13,97	19,84	21,94	23,78	21,56	21,94	29,77	25,00

Plusieurs indications ressortent de l'étude de ce tableau.

On remarque d'abord la décroissance de l'élément humide pendant la première année et pendant la quatrième, si bien que du taux de 71 p. 100 à la naissance de la feuille il tombe à 40 p. 100 au moment de sa mort.

Le taux des cendres va, au contraire, en augmentant au point d'être presque quadruplé quand la feuille est tombante.

L'azote, comme la partie humide, diminue depuis la jeunesse jusqu'au dépérissement de la feuille.

L'acide carbonique va, au contraire, croissant jusqu'à près du sextuple.

Mais pour être en mesure de tirer de ces indications les conséquences qu'elles impliquent, il faudrait pouvoir comparer les résultats de l'analyse des feuilles de notre pin avec ceux de l'analyse de feuilles d'autres essences, et particulièrement d'essences feuillues. Heureusement que nous pouvons nous procurer ces données dans le trésor inépuisable des recherches de MM. Fliche et Grandeau, qui ont fait, sur les feuilles du robinier, du mérisier, du bouleau et du châtaignier dans leurs conditions de croissance normale, le même travail que sur les feuilles du pin noir d'Autriche. Nous pouvons ainsi leur emprunter des chiffres sur les teneurs des feuilles annuelles, à leurs différents âges, en eau, azote et cendres et en tirer le tableau ci-dessous à comparer au précédent :

ESSENCES.	TENEUR en	FEUILLES d'avril ou mai (naissantes).	FEUILLES de juillet.	FEUILLES de septembre.	FEUILLES d'octobre (mourantes ou mortes).
		Pour cent.	Pour cent.	Pour cent.	Pour cent.
Robinier . .	Eau. . .	73,5	64,1	55,07	55,4
	Azote . .	3,59	2,81	1,68	0,70
	Cendres .	6,25	7,75	8,22	11,74
Mérisier . .	Eau. . .	70,00	60,25	54,4	54,2
	Azote . .	2,00	0,95	0,84	0,11
	Cendres .	7,80	7,30	6,39	7,24
Bouleau . .	Eau. . .	67,05	»	54,00	50,25
	Azote . .	2,51	»	1,28	0,49
	Cendres .	3,84	»	4,30	4,68
Châtaignier .	Eau. . .	72,00	»	57,00	44,8
	Azote . .	2,12	»	0,7	0,62
	Cendres .	4,60	»	4,75	4,55

La comparaison de ces chiffres avec les chiffres analogues obtenus sur les feuilles du pin noir, nous montre d'abord que la quantité d'eau contenue dans les feuilles annuelles se maintient davantage de la naissance à la mort, que dans celles du pin noir et en général dans les aiguilles des conifères, ou ce qui revient au même, que ces dernières sont plus riches en matière sèche.

En second lieu la proportion d'azote, sensiblement plus forte au début de la vie dans les feuilles caduques, y décroît plus rapidement et devient plus faible à la fin que dans les aiguilles persistantes des pins. De là naît cette conclusion légitime que les pins empruntent moins d'azote au sol que les feuillus, et cependant lui en restituent davantage par la chute et la décomposition sur place de leurs feuilles.

Enfin le taux des cendres est considérablement plus élevé dans les feuilles des angiospermes ou arbres feuillus, que dans les aiguilles de notre pin et de tous les conifères, comme cela résulte non seulement des faits exposés dans la présente étude, mais aussi des travaux de Weber, Schrœder et Ebermayer, sans parler des analyses spéciales, par M. Henry, de dix essences feuillues de la forêt de Haye([1]).

Déjà De Saussure avait signalé dès 1804, dans ses *Recherches chimiques sur la végétation*, ce fait important que toutes les analyses ont, depuis, confirmées. Il n'est pas moins digne de remarque, aussi, que les essences résineuses, indépendamment de leur teneur normalement plus faible en cendres, ont encore la faculté, sans que leur végétation en subisse aucun préjudice, de réduire très notablement cette teneur, suivant la quantité de principes assimilables que leurs racines peuvent trouver en terre. Et quant au pin noir d'Autriche, objet plus particulier de notre étude, il ajoute à ces précieuses facultés celle, non moins enviable, de pouvoir s'assimiler en même temps la chaux à profusion et la potasse à dose suffisante pour subvenir à une végétation normale.

La question de savoir si ce pin est calcicole au sens strict et rigoureux du mot ou seulement *par préférence*, ou bien s'il n'est que particulièrement *accommodant* aux sols très riches en chaux, cette question nous semble, maintenant, perdre une part importante de son intérêt. Il semble bien qu'il ne soit pas, en tout cas, rigoureusement *calcicole*, puisqu'il est convenu que cette expression ne signifie pas qu'une essence a besoin d'une plus forte proportion de chaux qu'une autre, mais seulement qu'elle ne saurait pas s'en assimiler une dose suffisante dans un sol où cette base ne serait pas abondamment représentée : or nous le voyons croître en toute prospérité dans toutes les variétés granitiques du Plateau central, en Auvergne, où la chaux, selon toute apparence, doit être rare toujours et absente souvent.

Il y aurait assurément le plus grand intérêt à analyser, dans ces régions, d'abord quelques-uns des sols où vient si bien le pin d'Autriche, pour se rendre compte de leurs teneurs en chaux, puis des feuilles, rameaux et tiges des pins noirs qui y croissent,

---

([1]) *Étude chimique sur les essences principales de la forêt de Haye et sur leurs cendres.* Nancy, 1878.

pour se rendre compte de la proportion de cette même base qu'ils assimilent dans leurs tissus.

Pour n'être calcicole que par préférence ou accommodement, le *Pinus nigra* n'en serait d'ailleurs que plus précieux : sa faculté exceptionnelle de réussir sur les sols les plus calcaires, fussent-ils de cette craie champenoise où le carbonate de chaux entre pour plus de moitié de la masse totale (54 p. 100), ne l'empêchant point de réussir également dans les sols les plus pauvres en cette substance, il en résulterait qu'il serait par excellence l'arbre des sols maigres et arides quelle que fût d'ailleurs leur composition chimique. Cette généralisation extrême ne paraît pas toutefois bien légitime, car le pin d'Autriche réussit mal dans les sables dépourvus à la fois de chaux et d'argile ; et si l'on arrivait à constater qu'il se contente de simples traces de chaux dans les terrains granitiques où il prospère d'ailleurs si heureusement, il faudrait en conclure, sans doute, que l'argile ayant fait partie intégrante des granites originaires serait, à défaut d'une quantité plus importante de chaux, nécessaire à son succès.

C'est là un détail important sans doute, mais que pourront seules éclaircir des analyses faites sur place avec tous les soins minutieux qu'ont apportés, à leurs recherches sur d'autres points, les éminents agronomes forestiers dont nous aimons à invoquer ici l'autorité.

Mais, au point où en sont arrivées jusqu'ici les études des chimistes de la sylviculture, on peut, ce nous semble, résumer comme suit celles des conclusions de leurs travaux qui ont été abordées dans le présent mémoire :

1° Les conifères ou arbres résineux en général et le pin laricio d'Autriche en particulier, exigent en tout état de cause une moins grande quantité de principes minéraux que les angiospermes à feuilles caduques ;

2° Ces mêmes conifères ont, en outre, la faculté de s'accommoder aux sols où les éléments minéraux nécessaires à la végétation sont en proportion trop faible, en restreignant, sans préjudice pour leur croissance, la teneur normale en ces substances ;

3° Les pins, et plus particulièrement le pin noir d'Autriche, demandent moins d'azote au sol que les autres essences et lui en rendent davantage ;

4° Aucune abondance de chaux dans un sol végétal n'est constitutionnellement nuisible au pin noir d'Autriche qui n'en absorbe pas moins la quantité normale de potasse dont il a besoin;

5° Cette propension à croître dans les sols les plus riches en éléments calcaires ne paraît pas être une condition nécessaire de la bonne venue de ce pin qui prospère également dans des sols dont la constitution géologique semble exclure la présence de la chaux autrement que dans des proportions insignifiantes ;

6° Il resterait à déterminer la cause de la non-réussite du même arbre dans les terrains siliceux où l'élément calcaire et l'élément argileux font également défaut.

www.ingramcontent.com/pod-product-compliance
Ingram Content Group UK Ltd.
Pitfield, Milton Keynes, MK11 3LW, UK
UKHW020216180726
13838UKWH00005B/2017